“粤港澳大湾区文学丛书”编委会

粤港澳大湾区文学丛书

是什么让海水更蓝

冯娜 著

广东高等教育出版社
Guangdong Higher Education Press
·广州·

图书在版编目（CIP）数据

是什么让海水更蓝 / 冯娜著. —广州：广东高等教育出版社，2020. 10
（粤港澳大湾区文学丛书）
ISBN 978 - 7 - 5361 - 6893 - 0

Ⅰ. ①是… Ⅱ. ①冯… Ⅲ. ① 诗集 - 中国 - 当代 Ⅳ. ① I227

中国版本图书馆 CIP 数据核字（2020）第 196454 号

书　　名　是什么让海水更蓝
　　　　　SHI SHENME RANG HAISHUI GENGLAN
出版发行　广东高等教育出版社
　　　　　地址：广州市天河区林和西横路
　　　　　邮政编码：510500　电话：（020）87553335　87551077
　　　　　http://www.gdgjs.com.cn
印　　刷　佛山市浩文彩色印刷有限公司
开　　本　890 毫米 ×1 240 毫米　1/32
印　　张　7
字　　数　188 千
版　　次　2020 年 10 月第 1 版
印　　次　2020 年 10 月第 1 次印刷
定　　价　36.00 元

序 一

区域文学的共时呈现

编辑这套“粤港澳大湾区文学丛书”的动念，可追溯到2016年5月在暨南大学召开的“粤港澳青年文学研讨会”，与会作家、学者围绕粤港澳文学交流与发展主题展开对话，从文化视角思考区域文学的共同维度，启用了“大湾区文学”这个有意味的表述。大湾区为粤港澳文学在新时代语境下进一步探索与积极互动提供了新的契机，如果建立一种类似文学丛书的展示机制，或许可以呈现此时此地的湾区生活与文学境况。从文化区的角度重新理解粤港澳文学的共同属性与多元景观，对文学创作与研究或许会起到意想不到的刺激作用。

虽然美国人类学家奥蒂斯·梅森（Otis Mason）在1895年已使用“文化区”这一术语以确认不同类型的美洲印第安环境，但是有关“文化区”的认知与讨论则主要在20世纪展开。

克拉克·威斯勒（Clark Wissler）认为文化区的理想情况呈同心、圆状分布，但在实际运行中，逐渐形成以地域特征为主导的文化中心与边缘区域。20 世纪 60 年代中期，唐纳德·W. 米尼格（Donald W. Meinig）将基督复兴教徒按数量分布划分为核心带、主权带、领域带、外围带，进一步发展出文化区空间结构的模型。[①]“文化区”成为人文地理学一个极为重要的概念，通常用来描述文化的历史区域分布和动态发展。由此也可以大致看出，文化区首先是一个基于地缘因素形成的文化空间，其中既有主导文化，也有构成文化多样性的文化元素，各文化元素之间互相交流、融合，不断生长，形成更大的文化圈。共同的语言体系与生活习惯，则是促成文化区的前提条件。

粤港澳作为以岭南文化为主导的文化区，其文化特征受中原文化和海洋文化影响。众所周知，岭南文化是一种面向自然生活、日常感性的原生型文化，同时又拥有多民族迁徙中形成的宽厚包容的品格；因为有近海之便，相对于建立在传统农耕文明基础之上的中原文化更具开放灵活性，在眺望、体验、参与世界文明的过程中形成了开拓进取的探索精神；此外，岭南地区远离政治文化中心，慢慢发展出一套以市民社会和日常生活为价值主导的世俗文化。

因为同根同源的文化基因和紧密相连的地理位置，粤港澳拥有共同的文化传统与历史记忆，又在各自不一样的政治文化空间中吸纳外来文化元素，分别形成各具主体性的文化风格，

① 参见《文化区》，况光贤译，《地理译报》，1987 年第 3 期。

并彼此参照和影响。如果说所有充满活力的文化具有某种共同的品质，首要提及的无疑是吸纳他者文化的能力，反过来也同样如此，越是具有吸纳异质元素补充自我能力的文化，越是充满生命的强力，越能在诸种文化的竞争中长盛不衰。克拉克·威斯勒说："正是文化的积累特性及其明显的顽强生命力才需要迅速地移植和传播，或用一个更好的术语说，就是对启示的敏感性。"① 传统意义上的岭南文化以广州为中心，自19世纪中期香港开埠以降，岭南文化与西方文化融合，发展为风味独特的都市文化，这种不同于上海、北京、台北的"港味"文化又在粤港澳交流互动中不断溢出本土界域，成为标志时尚的文化潮流。

正如所有异质文化进入传统认知领域时必然遭遇误解一样，自20世纪30年代开始，香港就被个别内地文人称为"文化沙漠"，又在后续的他者叙述中延伸到整个岭南地区，并一度成为粤港澳确证文化主体性的焦虑来源。如果说域外他者的言说姿态植根于某种"正统"的文化结构，显然忽视了文化对于现实的积极参与功能。正如香港资深报人、文化学者罗孚所说，香港衣食住行的文化相当丰富、出版自由、资讯发达、影视艺术空前繁荣，这些来自"文化沙漠"的文化产品，你尽可以说它是"次文化"，却不能说它是"非文化"。②

尽管港澳新文学在历史发展过程中呈现出省港、省澳的结

---

① 克拉克·威斯勒：《人与文化》，钱岗南、傅志强译，商务印书馆，2004年版，第42页。

② 罗孚：《香港文化漫游》，香港中华书局，1993年版，第51页。

构化现象，但并非某种单一化的主导/依附模式。例如，在中国新文学版图里，在长期以来的历史叙述中，澳门文学通常被轻描淡写、一笔带过，然而随着文学史研究的深入，有学者从西学东渐、中西交汇的源头梳理，提出中国文学的近代化与现代化应从澳门讲起："中国的近代化和中国文学的近代化，中国被动地向西方开放的近代史，在某种程度上应该从澳门说起。作为一种独特的文学记忆，澳门文学无论多简陋、粗糙，都将这样的历史以生动的形态记录下来，以丰满的精神状态得以保鲜。包括早期诗僧结社及其相应的创作，包括清代一些隐居澳门的官员感时忧世之作，澳门文学最早传达出近代化的强烈信息，为中国文学的现代进程注入了最初的活力与资源。"①事实上，在中国走向世界尤其是近代以来开启的现代化进程中，粤港澳就扮演过不同寻常的先导与中介作用，然而在强调中国内部生产力/生产关系冲突与变革的历史叙述结构中，外来的影响已被明显削弱，或者只被视为装饰宏大历史的一段小插曲。我们固然承认历史的车轮由强大的集体力量所推动，却也不能忽略那些看似不起眼的因素对历史产生的刺激与启迪。

正如梁启超所述，岭南地区背岭面海、连接中原的地理格局便于交通海外，"故其人颇有独立之想，有进取之志；两面

① 朱寿桐：《从澳门学到澳门文学》，《光明日报》，2015 年 12 月 21 日，第 13 版。

濒海，为五洲交通孔道，故稍习于外事”①。因地理之便，西方文化得以不断输入，“粤人遂为这种新文化的先锋队，广东成为新文化的策源地”②。尽管一个区域的文学往往由伟大的作品来表征，然而阐发、引领时代风气的开创价值，经常需要借助政治、经济、文化诸因素的激发，而文学观念的变革又会加速社会的发展。于是，我们看到了近代以来在岭南地区有“诗界革命”“小说革命”的爆发，有“二高一陈”的“岭南画派”的兴起，有“中国油画第一人”的李铁夫的探索，更有中国现代电影创始人蔡楚生、司徒慧敏、黎民伟的三足鼎立，等等。

以近代印刷术和出版业的兴起为例，澳门、香港、广州之所以扮演极为关键的角色，跟三地开放、相互毗邻密切相关。1815—1830 年前后，传教士马礼逊在澳门、香港、广州尝试以活字取代木刻印刷中文书籍，在澳门成立“马家英式印刷所”，后又将石印机搬移到广州十三行，逐渐开启中国出版的现代之门。③ 1858 年，伍廷芳筹办的《中外新报》创刊，中国迈入自主创办中文报纸的历史新阶段，现代报刊的兴起成为中国走向近代化的重要环节。维新派先驱王韬与麦都思创办的墨海书馆结缘（1848），王韬在从事编校工作期间结识了一大批传教士，

---

① 中国之新民（梁启超）：《中国地理大势论》，《新民丛报》第 8 号，光绪二十八年四月十五日，第 50 页。

② 陈序经：《广东与中国》，《东方杂志》，1939 年第 36 卷第 2 号，第 42 页。

③ 苏精：《铸以代刻：传教士与中文印刷变局》，台湾大学出版中心，2014 年版，第 6 – 13 页。

对西式印刷有深切了解[①]，这二者对于王韬后来投身出版业产生了巨大影响。游历欧洲之后回到香港，王韬集资购买英华书院印刷设备，成立中华印务总局（1873），次年创办《循环日报》。王韬打造传播现代思想的媒体平台，目的在于“发幽光于潜德，开悔悟于愚民”[②]，而体现他国际化视野的政论文章大半在《循环日报》发表，自由畅达、直抒胸臆、不拘一格的文风奠定其在近代散文史的地位，其标举文学革新的主张对黄遵宪、梁启超等形成直接的启示。突飞猛进的报刊业有力地促进了香港文化的繁荣，据统计，从1858年《中外新闻》创办到1934年的70余年里，香港停办的报社有58家，存续的11家，报纸副刊与杂志对文学作品的大量需求，为粤港澳培养出一大批作家，也建构了一个基于现代媒体的文学生产、传播与接受的都市文化空间。

可见，粤港澳凭借得天独厚的舆地条件，在社会文化与文学发展方面发挥着一种独特的整体性作用。一直到20世纪上半叶，受惠于港澳自由出入境的便利政策，粤港澳之间的文人往来、文学互动成为常态，港澳文坛与内地文坛也保持着密切交流。特别是抗日战争期间，蔡元培、茅盾、夏衍、郁达夫、于伶、萧红、骆宾基、端木蕻良、陶行知、欧阳予倩、戴望

---

① 王韬记录印书的情景：“车床以牛曳之，车轴旋转如飞。云一日可印数千番，诚巧而捷矣。书楼俱以玻璃作窗牖，光明无纤翳，洵属琉璃世界。字架东西排列，位置悉依字典，不容紊乱分毫。”王韬：《漫游随录》，社会科学文献出版社，2007年版，第59页。

② 王韬：《本馆日报略论》，《循环日报》册装周刊本，同治十二年十二月十八日。

舒、穆时英、陈衡哲、萨空了、冰心、郑振铎、萧乾、许地山、叶恭绰、巴金、温源宁、施蛰存、林语堂、胡风等大批文人南下，港澳文学艺术迎来前所未有的活力。仅1937年至1939年间，香港即组建了华南戏剧研究社、香港中华艺术协进会、香港戏剧协会、中华艺术剧团、中华全国文艺界协会香港分会、儿童戏剧协会、中美文化协进会、中英文化协进会、中华文艺协进会粤剧救亡服务团等一大批文艺社团，先后举行"香港文化界座谈会"、港澳马文化界致电国际和平会、"抗敌画展"、"香港诗歌工作者座谈会"、"鲁迅先生逝世二周年纪念大会"、现代中国漫画展、通俗文艺座谈会等系列文艺活动，除大量创办刊物以外，还推动《申报》《大公报》《学生杂志》《中国诗坛》等报刊在香港复刊，生活书店设立香港分店……以著名诗人戴望舒为例，可以大致看出南下文人对香港文学的贡献。除了负责《星岛日报》文学副刊的编辑工作，他还参与《星岛周报》(1939)、《顶点》(1939)、《中国作家》(1939)、《耕耘》(1940)等报刊的编辑出版，而在主持《星座》期间，刊发了大量名家作品。后来他说，"没有一位知名的作家没有在《星座》里写过文章的"①。澳门以战时中立地位吸引李供林、陈洵、朱希祖、黄节、詹安泰、章士钊、叶恭绰、廖平子、陈蝶衣、陈融、郑春霆、高剑父等大批文化界、教育界人士前来躲避战火，他们发起成立"四界救灾会"、文化协会、

① 戴望舒：《十年前的星岛和星座》，见《星岛日报·星座》，1948年8月1日增刊，第10版。

前锋剧社、晓钟剧社、起来剧社、绿光剧社、呐喊文学研究社、怒吼社、淘声社、晓社读书会、前哨读书会、暴风剧社、中艺剧团等文艺社团，爱国华人社团则纷纷捐资创办劳工子弟学校、银业公会小学、菜农子弟学校、水电工人子弟学校、粮食公会小学、鲜鱼子弟学校、航业公会小学、猪腊工会子弟学校等子弟学校，在华人社会普及发展初级教育、中等教育和成人教育。正因为诸种因缘际会，穗港澳迅速成为南方的“新文化中心”①。

因此，尽管类似陈残云、黄谷柳、舒巷城、秦牧等作家经常被当成书写岭南本土文学的标杆，粤港澳作为彰显地方特色的文学空间对于中国文学的意义，实际上远远超过了一般区域文学的作用。如果粗疏罗列一份大体反映20世纪50至80年代港澳文学状况的作家名单——马朗、徐讦、徐速、叶灵凤、侣伦、昆南、黄思骋、李辉英、林以亮、夏果、曹聚仁、司马长风、张爱玲、姚拓、何紫、倪匡、阮朗、舒巷城、戴天、刘以鬯、金庸、梁羽生、东瑞、白洛、施叔青、余光中、郑树森、钟玲、董桥、张晓风、西西、也斯、李碧华、罗孚、亦舒、陈浩泉、颜纯钩、金东方、穆凡中、陶里、韩牧、云力、鲁茂、周桐、谢雨凝等，就不难发现这些来自港澳本土、内地、台湾

---

① 1935年1月6日胡适在香港华侨教育会演讲，反对读经，提出要使香港成为“南方的一个新文化中心”，后来登在《大光报》的内容有所出入，误为只是让香港成为南方的新文化中心，引起广州文化界人士的不满。[详情见胡适：《南游杂忆》，载卢玮銮编《香港的忧郁：文人笔下的香港（1925—1941）》，华风书局，1983年版，第60页。] 而“南方文化中心”的提法也由此产生。

和海外的作家集聚港澳而产生的文学史意义。他们利用自由港的便利条件，先后创办了《诗朵》《文艺世纪》《南洋文艺》《海光文艺》《文艺新潮》《伴侣》《文艺伴侣》《新思潮》《好望角》《盘古》《红豆》《诗风》《四季》《中国学生周报》《大拇指》《澳门学生》等大批文艺刊物。文学空间的开辟既为现实主义、现代主义和都市通俗文学的延续与进一步实践提供了丰富多元的生存土壤，又为身居东南亚、北美等海外地区的华人作家打通了相对畅通的交流渠道。即便 1949 年形成了某种文化政治的区隔，港澳文学也仍然承担着有关国家叙事的想象，并继续保持着与内地文学一种更深层次的互动，以不同的方式及时呼应民族国家与时代命运的重大课题。粤港澳文学于 20 世纪 70 年代末重新拉开互动的序幕，曾敏之、刘以鬯、金庸、饶芃子、潘亚暾、陶然、潘耀明、许翼心、傅天虹等作为重要的推动者，除了验证“地域内部不同文化之间的交互作用要比不同地域之间的文化的交互作用频繁、深刻得多”①，也说明文学与文化的关联总是从具体的主体开始，而由地缘、文化甚至血缘所塑造的情感结构，很大程度上决定了文化区内在的凝聚力量，并强化为一种建立在“交往”基础之上的“地域共同传统”（area co-tradition）。

如果试图描述近 40 年来岭南文化区发生的新变，首先要提到的无疑是在国际政治与经济新秩序重构的过程中，珠江三角洲成为极具经济竞争力的重要板块，涌现了深圳、东莞、佛

① 张光直:《青铜挥麈》，上海文艺出版社，2000 年版，第 221 页。

山、中山、珠海等一批制造业发达和贸易实力雄厚的城市，空前活跃的流动性带来了文化的活力，彻底改变了以往由广州作为单引擎驱动的文化面貌；其次则是迎来了香港和澳门的相继回归，港澳实现了特别行政区的文化政治身份转变，广东除了获得传统意义上的窗口毗邻优势之外，还为内地与港澳之间的经济与文化交流承担着引桥的作用，粤港澳朝互鉴互补的局面推进；再次就是国家战略层面的“粤港澳大湾区”规划启动实施，“大湾区”是受全球视野启示形成、基于地域之间协同发展设置的政治经济框架，正如不同历史年代持续呈现的那样，粤港澳的共同地域传统对文化共同体的想象与操作，本身就是以语言为根基，以血缘、文缘为纽带，紧密联结着民族国家的现代叙事。“人文湾区”体现出对既有行政区域划分的超越，回到文化源流，为人们重新审视本区域的文化、文学发展提供了新的维度。

正如谢有顺所说，粤港澳大湾区原本是一个地理概念。之所以要把它变成文学概念，说明在技术空间、物理空间和社会空间以外，我们必须假定有一个文学空间、审美空间和艺术空间。“粤港澳大湾区文学”这个提法，就是在开创这种审美和艺术的空间，开创想象的空间，这是超越了物理学、社会学意义上的空间概念。“如果我们把粤港澳大湾区当作一个文学的、审美的、想象的空间，就要意识到在这个空间里，不仅有敞开的东西，比如说借此认识到很多新的人群、新的经验、新的生活，也有很多被遮蔽的东西，那些不被辨识的、无名的经验，而这更应成为被书写的主题。”[①] 因此，“粤港澳大湾区文学”理应强调对未来的关注，顺应文学主题由乡村向城市转移的历史趋势，共时呈现湾区城市居民在信息时代工作与栖居的现代生活状态，具备现代性的意义，既书写一代人的理想与追求，也抒发寻梦者在生命途中的悲欢与困境，从而创造出反映新时代、立足大湾区的创业史与抒情史。

从这个意义上，“粤港澳大湾区文学丛书”着眼于岭南文化区地域共同传统的接续打造，历史翻开新的一页，需要从多元化角度出发，丰富“一个地区长时间互相关联的诸文化勾连而构成历史的整体单位”的内涵。基于这样的考虑，我们对来自大湾区的作者不设题材、文体的限制，之所以要求是来自大湾区的中青年作家，是因为“大湾区”是新的，希望生活的经验转化为文学的经验也是新的。

蒋述卓　龙扬志
2019 年 6 月 30 日

---

① 谢有顺：《“粤港澳大湾区文学”的现在和未来》，《光明日报》，2019 年 5 月 29 日，第 14 版。

目录

第一辑

石峁之玉

我有一张玉质的面孔，石峁

四千多年，在你的地底

我被滚烫的熔岩和冰冷的时间包裹

魔术

喜欢的花，就摘下一朵
奇异的梦，就记在下一本书中
有一条橄榄色的河流，我只是听人说起
我亲近你离开你，遵循的不过是美的心意

故事已经足够
我不再打算学习那些从来没有学会过的技艺
唯有一种魔术我不能放弃：
在你理解女人的时候，我是一头母豹
在你困顿的旅途，我是迷人的蜃楼海市
当你被声音俘虏，我是广大的沉默
你是你的时候，我是我

你的爱

是打开纱窗的房子，树枝静静伸着
是气味古怪的药水，夜里试探体温的手
是迷宫似的街区不打烊的店铺
是新鲜的胡茬，是触碰到水母的蜷缩

我长久地站在自己的渴望之中
为忘记旋律的歌词醒着
我说出的话，掺杂着他人的命运
相似的恐惧、狂喜、难以言状的酸楚
离我很近的地方，你像一种深沉的宗教
应许我走进未知的召唤

是向我彰显的奇迹、时间的另一重含义
是我的面容中你的神情
是良善、美和宽宥，是相互的教导
是你献出的，我的爱

尖叫

这个夏天，我又认识了一些植物
有些名字清凉胜雪
有些揉在手指上，血一样腥
需要费力砸开果壳的
其实心比我还软

植物在雨中也是安静的
我们，早已经失去了无言的自信
而这世上，几乎所有叶子都含着苦味
我又如何分辨哪一种更轻微

在路上，我又遇到了更多的植物
烈日下开花
这使我犹豫着
要不要替它们尖叫

拒绝

苇秆穿过尖细的口哨，我的嘴保留了湖沼的形状
离这不远的镇上，有人打制着新船

自然在一根又一根芦苇中膨胀
乡野之中，我学会了夜猎、烹煮、躲藏
芦苇顺从，但并未教给我风的无常
我需要一个燃点，干燥的芦苇和太阳都不够
镇上的人正喝着烈酒

“你还记得驾驶流水的方法吗？”
苇花的穗子，在人的耳边传话
我不能再接受你的礼物——

我不能再掠夺这芦苇阵中的秘笈

——而你，再也不能
不能把我这样的来客，视为风月和主人

呼麦

多么羡慕蒙古族人，在喉咙里携带着家乡和草原
在喉咙里放牧马群
在喉咙里，欢乐也会发出悲伤的回声
弓箭拉开，是庆祝、是猎取、是海拉尔河上的冰裂

我羡慕他们喉咙里的暴雪和霜冻
他们爱过、忍受过、失去过的广阔北方的冷寂
我羡慕他们山岭粗犷、岩崖刚烈
即使，来到无数人簇拥的聚光灯下
也能发出陨石般的声息

喉咙里诞生的，必在喉咙里逝去

微小的星辰在呼吸间运转
陆地上，相似的火光和迥异的震颤
那些积雪中的跋涉，马头琴上的断弦
让他们清醒地跨过掌声的镣铐
穿过了众人的钦羡

寄北

用新习得的方言，穿过一枚顶针
一个北方的手印，用不多的力气
按在新鲜的盐粒上

坐在市集的背阴处，想与你说一说李煜或苏轼
我在南方获得的宁静，是他们维持的气候
拂晓时，回味着出现林海的梦
你经历的北方，早有人述说
手艺人有时带来奇妙的新把戏
我尾随他，看见作坊里人们正把日子一点点用旧

裁缝店里的学徒，裁寿衣就像裁一封家书

我熟悉那些哭声和交谈
熟悉那些滚边的丝绸衣裳
古人的信，藏着不想被识破的伤心
他们拣选尘灰覆盖的词，吹一吹
我把湿了的双手擦一擦，
把它们重新放回你不能看见的地方

石像

最难雕刻的部分已经完成
她的笑意是石头的
她的嘴唇和衣袖是石头的
她的哑默和心跳是石头的
当一个人伸出手，她的体温是石头的

她在石头里获得时间
在别人的眼光和抚触中获得生活
许多朝代后，还会获得新鲜的祷告
——如果人们还信奉神灵安住在石头当中

在她的石头的眼睛里

生命和死亡是同一只鸟
日出前起飞，在黄昏隐藏了脚迹
她的怜悯和遗忘是石头的
她的呼吸是石头的
她的不确定的名字是石头的
——最难雕刻的部分已经完成

白雪楼

大雪封山，一个钟情于鲍叔牙的人
必定也钟情于雪的清洁

当贤者像一个疲惫的使徒
走过宫殿、庙宇和困顿的街市
他需要一扇冰凉的窗户，推开重复的诗行

孤独是最后的牵挂
一个留守鲍山的人，必定也徘徊在寒冬的尊严中
登楼谢客
他在低矮的光线中翻阅先人的生活：
光明如雪的时刻

举棋不定的时刻、心似刀割的时刻……
他在纷扬中活过了许多人的一生

他与过往的自己和未来的知己频频相遇
他走进雪里，以为是百年前那一场

长夏

更南边来的人，会懂得夏日如此漫长
有时河和海一样没有尽头

白鸟的滑翔比机翼轻盈
躲避风暴，是醒着的时候要做的事
只有在水上漂流过的人
才会真正去信任一艘船

只有南边来的人，会捡拾豆荚状的种子
天空扑打着蓝色、绿色的脏器
现在，凤凰木和杜英树静静整理着花冠

人们抬头，感到远处正有船只驶来

夏日轻易地找到了南方，和几粒橄榄一样
一些沾着盐，一些蘸着糖

石峁之玉

我有一张玉质的面孔，石峁
四千多年，在你的地底
我被滚烫的熔岩和冰冷的时间包裹

颤抖的森林、草甸、野性的物种繁衍出我的眼睛
我看见我的命运：
一双手雕刻我的嘴唇，它让我开口
说出散轶的佩饰
把一块玉的呼吸塞进壁画的体温

石峁，你在我的杂质中寻找自己
我承受的风暴，下沉为黑色的头颅

听到有人在半夜打制马蹄
声音钻进末代的裂纹，你愈合着自己

一个石头的王朝，一个石头的许诺
年华耗尽，
你的记忆净化着你的废墟
在玉化的长眠中，我也曾是你的死亡
你后来的生命

我是你的人面玉身

江南辞

星宿婉转，来到水中
剥开菱角的手也剥开游人的浮灯
——与古老一起，我们穿过暗昧的事物
街巷呼吸匀整
如同余烬，庙会散去

翻着拓本的人等着江南推门而入
年少时，他修习了河流与别离
抱持着古镇的自尊心
白云苍狗，他还在为悠久的光辉而战栗

像牵挂某种心跳，人们整日坐在桥上

过去，有画舫、歌姬、琵琶的弹挑依次路过
水汽凝结，恍惚的铜镜映照了江南

摸着黑，雨丝等候已久
它藏着生锈的剪刀，剪断了高大的建筑和古渡口
在江南走神的时候
雨水如泥土，你如蚯蚓纷纷

留下来的东西

藏语中，“身体”的意思是“留下来的东西”
早上，人们把一个人“留下来的东西”搬进山中
牛角太硬，银壶中倒出来的茶很快变冷
剥来一张鹿皮，裹在剩下的东西上

我纠正着自己的发音：lu①
体会着不会一直跟随自己的东西，像兀鹫又像雉鸡
那些在匍匐中完成朝圣的身体
是否去往更广大的世界

他们围坐在火边祝赞
爱惜每一簇火苗，不确定——

这爱惜来自留下来的还是抓不住的东西
在画满飞天的洞窟里，在一个阿拉伯女人的头巾上
在一生追逐着花期的养蜜人那里
我仿佛见过一些相似的东西

僧侣从远处背来泉水，劝我把手放在温水中
他们像爱惜酥油花一样爱惜一双冰冷的手②
他愿意献出这样一双手
愿意让人看见，肉身和其他世界的联结

——像通过吃饭、穿衣、用嘴说出每一个词

（注：① lu，藏语中“身体”的发音。②酥油花熔点很低，为了防止体温对酥油花的影响，艺僧在捏制酥油花前，须把手浸泡在零下 20 摄氏度的冰水中。为了防止手指回暖，需要不时将手浸入冰水，让手指保持冰冷。很多艺僧为了雕塑酥油花会冻废双手）

经楠木林而过

多么好的小路
和我一样，没有成为一个母亲的负担
也不像少女，不谙别离的馈赠
多么好的楠木
等待着属于它的嘴唇

语言无法真正忠实于生活
穿过更多的楠木
多好的静默
像他人的晚年，像平常人的房间
——我总会经过
在这里，或在别处

戈壁

你给我的那些荒凉——
看山跑死马的平坦
你给我的那些热望——
远处沙棘怯生生的枝条
你给我的全部戈壁
一个连着一个，黑黢黢的夜晚

我寻找着，焦渴也寻找着我——
任何一只蜥蜴都爬不出的水源
你给我的，深泉一样的眼睛
——那近似浑然天成的爱

甲骨文

从一个字里看见山峦，从一个字里看见太阳
泉水自殷商的额头汩汩而出
王室的卜辞，曾向一座不会老的城池托梦

梦里，我和我的故国都已三千岁
我要向后来者，讲述山的威仪海的潮向
我要镌刻一颗星的沉落，在重复的黎明身后
用不朽的笔触，我描摹自己的鹤发童颜

每一块甲骨就是一个誓约
不尽的黄昏走过来，托付它们的年轻
时间书写着它的生命——

在黑暗的征战与埋葬当中
在重见天日的世代
在一页新的复活里，我默捻着深深的刻痕：

那就是明月，那就是照耀
那就是殷墟中无数的我
还在匆忙地写就，转瞬即逝的命运

舞者

她给我看她的脚，又给我看她的肩
不是女性也不是男性的脖颈
舞者是一种暗紫色的性别
她给我看一场风暴，我在剧场之外的战栗
她给我念一条简讯，人群挤在屏幕上低泣
受难的人和喜乐的人走在同样的道路上
她在属于我的祷告中拆除庙宇
在我未完成的诗句中丢下种子
我给她看我的目光——
那凝固的、舞者的雕像

夜晚散步

我喜欢和你在夜里散步
——你是谁并不重要
走在哪条街上也不重要
也许是温州街、罗斯福路
也有可能是还来不及命名的小道
我喜欢你说点什么
说了什么并不重要
我能听见一些花卉、异国的旅行
共同熟识的人……
相互隐没，互成背景

我喜欢那些沉默的间隙

仿佛我并不存在，我是谁并不重要
你从侧面看过去，风并未吹散我的头发
它对我没有留恋
风从昨天晚上绕过来
陷在从前我的一句诗里：
“天擦黑的时候，我感到大海是一剂吗啡”

我喜欢那些无来由的譬喻
像是我们离开时，忘掉了一点什么

戒台寺独坐

太多人诉说他们的遭遇，我不必再说
太多祈求和祷告，我不必再诉
戒律一代一代，让松树长出不同的脸孔：
自在、抱塔、卧龙 ....
不必再数，我也在其中

消逝

你一定不知道
杨树落叶和一些事物的消逝很相似
从什刹海先落　隔壁的古巷不会觉察
从古巷落的　数个月前的预感
就已让它心形的叶子，憔悴
等着变黄

所有的杨树都会落光叶子
你一定不知道
哪一片曾被我捡起　带走
这又有什么关系
冬天会把每一截枝丫、每一片残叶都冷透
而大地从未感到过失去

溺水

据说真正的溺水者是无法大声呼救的
他们的身体会垂直在水中
张着嘴　上下浮动
没有挣扎的迹象
像在爬一具隐形的梯子

大多数死亡都是这样
触礁　是一片平静而非风暴
据说很多人都是这样
垂直站着　但已经死去
他们自己也不曾察觉

南风过境

我不是任何一根发光的羽毛
我是你张了张嘴　叫不出名字的瓷器
性情薄凉　质地婉转　吹弹可破

我是一阵借刀裁剪春色的南风
温软缱绻　扑面如刃
我不爱流连远山和湖泊
直取阳关和良人的心房

我是南风呵
来时携雨　去时惊蛰
时而回首　寻鲜花果腹　醉卧芍药丛

若是被你的马蹄踩痛

便腹中吞剑　我是南风　我不说

你可是良人

我不问

橙子

我舍不得切开你艳丽的心痛

粒粒都藏着向阳时零星的甜蜜

我提着刀来

自然是不再爱你了

一颗完整的心

更远处　我看见一个女人拣起树影下的光斑
她蒙着脸　长得像我许多年后的模样
我猜想中的　拥有低头亲吻花朵和墓碑的力量

不再究诘虬曲的草木
大丽花年年盛开　我把手指停在上面
打开灯　打开房间的第二扇门
帘幕里　隐藏了我精心的素朴

接受天空庄重的赐予
颔首　聆听　开口说出宽恕
“我的心骄傲得近乎破碎”

那个女人抬起头来　一条河从她眼底流经

她长得像我

多年前　在别人的婚礼上　手捧花束

祖国

我怀疑　我的孱弱的身躯
如何承载一场庞大的抒情

我只想　我在世界的尽头喊妈妈
你一定会朗声地应答
我只想　你在暗夜里不眠
我就擎一盏细小的温黄　在角落

如果这一切注定要被人冠之以宏大
那我就安静坐下来陪你
什么也不说

童年记忆

我记得雪没过鞋袜，趾间的麻木
我记得灰尘卷起光线，自屋顶的漏瓦
我记得棕色白色的枝条
我记得你的脸
——一个执行死刑前被公审的人
我记得他灰色的瞳孔，一盏纸糊的灯
我记得手套、割草机、彩色气球……
它们散发的气味，干燥而旷日持久
类似一条皮筋在头发上崩断的声音
仿佛一声遥远的枪响
——那是我唯一记得的声音

青海

我是未成熟的青稞地　孤独匍匐
大开大阖的疆域和湖泊
小小的一次战栗　就将水里的云连根拔起

我爱的姑娘从远方来
花儿是一种无医可治的情歌
类似黑毡帽下的回眸
我静静注视你　从地平线上升起

好几世了
青海的太阳　蒙着眼泪

西藏

赐我最宁静的大悲大喜
越过牦牛黝黑的背脊　僧侣们麻衣清净
不知下落的雪水和冰川　在经书里化为莲花
你看　我是山麓　最北的星辰普照

从江水源头一路跪倒
仪式是白色的鹰　我的肉体被啄空
赐我出窍的定力
我爱的一切啊　哪一片掉下来
扬起漫天风雪

哪一片被巨大的乌云和天葬师擎起
不让尘埃　回到我的身上

草原

再热烈一些　这耀眼起来的云天
这打马不动的肥美草甸
我大老远地把脚印踩湿
这磕绊　这周旋　这深陷
全因这水里密不透风的树影和爱怜

再安静一些　我的秘密的询问
一匹白色的马甩着响尾
我要的蓝天是枣红色的驹子

再沉默一些
我是茫茫四野　唯一不说话的牛羊

洱海

傍着苍山　我再也不愿想起风花雪月
把爱和怨留给吹不落的梅里雪山吧
我是海　是你说了一句至死不渝的情话
穿过我的耳郭

我需要众多的雨水和河流来补给
来丰腴我深澈的内心　辽远的目光
不愿被浮云和蓝天卷走的爱欲和向往

不　我也不愿是缠绵涌动的海
我与鸥鸟　下关的大风
上关的十里香花　一起填平人间孤寂的沟壑

听　我在月光中俯下身躯
就有千万句愈合伤口的诺言
穿过每一只带着隐疾的耳朵

春风到处流传

正午的水泽　是一处黯淡的慈悲
一只鸟替我飞到了对岸
雾气紧随着甘蔗林里的砍伐声消散

春风吹过桃树下的墓碑
蜜蜂来回搬运着　时令里不可多得的甜蜜
再没有另一只鸟飞过头顶
掀开一个守夜人的心脏
大地嗡嗡作响
不理会石头上刻满的荣华
也不知晓哪一些将传世的悲伤

远路

“从此地去往 S 城有多远？”
在时间的地图上丈量：
“快车大约两个半小时
慢车要四个小时
骑骡子的话，要一个礼拜
若是步行，得到春天”

中途会穿越落雪的平原、憔悴的马匹
要是有人请你喝酒
千万别从寺庙前经过
对了，风有时也会停下来数一数
一日之中吹过了多少里路

迷宫

初冬的雪不像雪
我向你讲述的苦痛也不是苦痛
那天早上　没有人祈祷
所有枝丫都在错身的时分抬头——
离别是一件等待校音的乐器

漂浮，海面托举星群的眼睛
“动人的传说都是致命的”
你愿意停下来么，摸一摸
头顶的云霾，或者左边
它看见一座白色迷宫
——我像是找到了归宿

莲花

一卷经书放在窗上　夜里感到寒冷
一阵又一阵
像狐鬼跑过　桃花正在下落
我没有力气压住它的薄凉也压不住它的尾巴
我们在黑暗中相互试探
第二十五卷，有烛火跳荡
有磷火哗然相和
我知道，无须加持
只要伸手捻住一点光焰
它们就会熄灭，并
全部回到我的体内

寻鹤

牛羊藏在草原的阴影中
巴音布鲁克　我遇见一个养鹤的人
他有长喙一般的脖颈
断翅一般的腔调
鹤群掏空落在水面的九个太阳
他让我觉得草原应该另有模样

黄昏轻易纵容了辽阔
我等待着鹤群从他的袍袖中飞起
我祈愿天空落下另一个我
她有狭窄的脸庞　瘦细的脚踝
与养鹤人相爱　厌弃　痴缠

四野茫茫　她有一百零八种躲藏的途径
养鹤人只需一种寻找的方法：
在巴音布鲁克
被他抚摸过的鹤　都必将在夜里归巢

第二辑
是什么让海水更蓝

我这样说的时候是在爱

我不这样说的时候，便是在痛

即使在南方

也一定不是九月　让海水变得更蓝

一个白族人的祝酒辞

山上若是还有豺狼　请它进屋

山上若是还有松茸菌　请它烤火

山上若是还有听不懂汉话的人　请他饮酒

我不知道你们在他耳普子山活了多少世

我也活成了一只没有故乡的猛禽　大地上的囚徒

请举起杯中的吗咖酒吧——

水若是还向东方淌去

命运拿走的　他留河会全部还给我们

沿着高原的河流

沿着水走　杜鹃花露出哀戚之色
水葬的人在下游浮出　一群鱼在浪里送行

甘蔗地在黄昏中尽情甜蜜
养蜂人在花丛中看我一眼
我听到身后有半壁雪山在融化
白色的阴影里　一朵雪莲捧起我迷蒙的脸

沿着水走　山脊阖上含泪的眼
淌不尽的河流啊　沉浮在水里的爱情
它们迄今仍在我身体里雕刻
一个叫纳帕①　一个叫碧塔②

（注：①②，指纳帕海和碧塔海，均为云南境内的高原湖泊）

贝叶经

借鹰羽的白拨开酥油灯的棉芯
我总是害怕听到某种东西　破壳而出
在夜间　植物生长如电
河流平平铺开　沙石缓慢下沉
我将身体翻过来　一颗细痣迎向星斗
一切被神标记过的
都未曾走失

酥油灯

肉身以外的黑洞　加重经书的奥义
一星火光不紧不慢地燃亮
先是花朵　最后是涅槃
天地在水中合掌
白昼与黑夜相克相生
莽苍的水湍急如大江　把我的衣袍掳去
把发肤、名姓、执妄掳去
整个红尘只余矿石熔化的颜色和声响
我在这茫茫的水域中黯淡下来
同时获得一座庙宇

疑惑

所有许诺说要来看我的男人　都半途而废
所有默默向别处迁徙的女人　都不期而至
我动念弃绝你们的言辞　相信你们的足履
迢迢星河　一个人怀抱一个宇宙
装在瓶子里的水摇荡成一个又一个大海
在陆地上往来的人都告诉我，世界上所有水都相通

云南的声响

在云南　人人都会三种以上的语言
一种能将天上的云呼喊成你想要的模样
一种在迷路时引出松林中的菌子
一种能让大象停在芭蕉叶下　让它顺从于井水
井水有孔雀绿的脸
早先在某个土司家放出另一种声音
背对着星宿打跳　赤着脚
那些云杉木　龙胆草越走越远
冰川被它们的七嘴八舌惊醒
淌下失传的土话——金沙江
无人听懂　但沿途都有人尾随着它

庚寅年路遇大雪

我遇到它的时候　天全部黑了下来
山川俯首　我的手摸到一株含羞草的火焰
不能再进一步
豹子和越压越低的枝条融为一体
坑洼的地方打磨着耐心
与白色相连的　村庄淌出缓慢的安宁
溪流在雪触地的瞬间消失
我身后没有一个人
头顶没有北斗
谁在百丈以外的远处掐指一算
庚寅年己丑月
大雪在暗中纷纷而落　我伸出手去
一个冬天的白也未接住

小木匠

雕花的门窗已经过时
翠竹和仙鹤还困在掉色的油漆里
用手摸一摸　木屑还长着刨刀的细舌
凸起的牡丹　歪着头看它从木头中艰难盛开
一个影子半夜在刨花中来回地走
他听不懂方言
手上每天都有新的刀伤
月亮照着他和半匹马
每个早晨他的师傅都雕出另一头鹿
十多年后
我突然感到他在想家吧
油漆里落了灰尘

雕出的那些无名草木
也许跟着他走了长长的路
十多年前　叔父请回的木匠
带着一言不发的徒弟
他有一个生僻的姓氏
至今走过无数雕花的短亭长廊
我再也没有遇见过它

龙山公路旁小憩

近处有松树　苦楝树　我不知道名字的阔叶树
它们高高低低　交错生长又微妙地相让
大地上　腐叶正顺从着积雪
我知道　之后的岁月
是孤单难以自持的融化
是寂静无声的繁华
是风偶尔打乱高处的秩序
也依然　是枯荣如年轮滚动
一世重叠着一世　碾进沉默的土壤
那种感觉　也许就像——
我坐在公路旁　听人说起天葬

山坳里的藏报春

蜿蜒的公路在我身体里漫游
山坳平躺　灵魂跋涉良久
山神俯瞰之下
是谁要把火日卜箧的明月还给草甸

艳阳普照　峰回路转
梅花的白和桃花的红交替出现
我渴望　在山峦庞大的心房里无限渺小
像那一束紫色的藏报春　娓娓开放
轻轻摇曳　在溪水沉向日暮的转弯处
给你一剂　致命的温柔

夜过凉水河

黑脸膛的人告诉我
我体内的一斛酒取自它的上游
烈火烹蒸　酒曲中的凉水河
“滋滋”作响的经卷
这一生趟过多少的谎言和惊吓
窖藏前春风如数清点　尽释前嫌

凉水河绕过酒坛　肺腑和青山
端出一只蛇影幢幢的杯盏
今夜　我是渴水的旅人
黑夜照着我
按住胸中的酒气与疑惧
伏下身　我的影子照着凉水河
我要喝光这下游的孤独　与慈悲

接站的母亲

一群人中她的身影最安静
除了出生那一回　我的车次从不早到
每一趟车都掠起一阵风
只有她不被吹拂
远行人都无须怀揣时钟
命运的特赦是往返于彼此平安的目光

我在车上多站了一会儿
她的头向车道左方微仰着
我想起抵达珠穆朗玛峰的那个黄昏
在那承受亿万年隆越的洪荒
每一块化石都刻满温柔、衰弱、忧惧……

我站在天空底下

一只鹰沉默地飞向旗云

它的心事　我都听见

是什么让海水更蓝

我们说起遥远的故地　像一只白鹭怀着苇草的体温
像水　怀着白鹭的体温
它受伤的骨骼　裸露的背脊　在礁石上停栖的细足
有时我们仔细分辨水中的颤音
它是深壑与深壑的回应　沼泽深陷于另一个沼泽
在我的老家　水中的事物清晰可见
包括殉情的人总会在第七天浮出——
我这样说的时候是在爱
我不这样说的时候，便是在痛
即使在南方
也一定不是九月　让海水变得更蓝
我们彼此缄默时
你在北方大地看到的水在入海口得到了平息

听说你住在恰克图

水流到恰克图便拐弯了
火车并没有途经恰克图
我也无法跳过左边的河　去探望一个住在雪里的人
听说去年的信死在了鸽子怀里
悲伤的消息已经够多了
这不算其中一个

听说恰克图的冬天　像新娘没有长大的模样
有阳光的早上　我会被一匹马驯服
我迫不及待地学会俘获水上的雾霭
在恰克图　你的
我多需要一面镜子啊

驮队卸下异域的珍宝
人们都说　骰子会向着麻脸的长发女人

再晚一些　露天集市被吹出一部经书的响动
你就要把我当作灯笼袖里的绢花
拍拍手——我要消失
再拍一拍，我变成灯盏
由一个游僧擎着，他对你说起往生：

水流到恰克图便再也不会回头
你若在恰克图死去　会遇见一个从未到过这里的女人

云上的夜晚

滇西北的云　是粉红的
是我流着泪的母亲送走她的父亲时　未落下的夕阳

所有的夜晚都是干涩的
唯有母亲可以让它们变得丰沛饱满
而任何一只冬天的候鸟　都不肯说出真相

我独自坐在云上想了很久
第三个音节是关于死亡
我惊悚不堪
全身湿遍　内心绯红

隐居

你走的路　从花中长出蜂蝶
有人游往湖的深心　他们知道香气和引信
却不知道藏身何处
——你静静走着　也不问起我

这是我所能想到的　最好的隐居——
活在你的爱里　却从不现身

园林

去年，我在园林里迷路
苏州有小家子气的美　精巧得让人掉眼泪

她们多美呵　细小的乳房
尚懂得羞涩　绿叶和假山虚实着遮掩
肥头大耳的人来　走马观花
用票子扇疼阁楼的沉香

我坐在兰花凳上　想念那些旧时代的女人
罗裙绣袜　纤手弄云
低声跟从自己的命运
陷在这园林里　美丽得让人掉眼泪

群山

雾中的山叠在一起　是一副完整的器官
每座山都有秩序地起伏、吐纳
当其中某个想要站立起来　逃脱大脑中的雷达
它们便撕心扯肺地动荡
将峡谷的利爪钉向深渊

群山涉水多年而不渡
蜂巢引发耳鸣　这寂寞忽远忽近
春天随之带来痼疾
迫使大地拧开胶囊中的粉末
相互传染的痒
让它们遍体花束　如象群的墓冢

它们一动不动

无数光阴降临而无处停栖

无数雨水落向深涧却无可托付

我们在雾中看山　不知老之将至

私人心愿

这也许并不漫长的一生　我不愿遇上战火
祖父辈那样　族谱在恶水穷山中散佚的充军
我愿有一个故乡
在遥远的漫游中有一双皮革柔软的鞋子
夜行的火车上　望见孔明灯飞过旷野
有时会有电话　忙音
明信片盖着古老地址的邮戳
中途的小站
还有急于下车探望母亲的人

愿所有雨水都下在光明的河流
一个女人用长笛上的音孔滤去阴霾

星群可以被重新命名
庙宇建在城市的中央
山风让逝去的亲人在背阴处重聚
分离了的爱人走过来
修好幼时无法按响的琴键……

最后的心愿　是你在某个夜里坐下来
听我说起一些未完成的心愿
请忆及我并不漫长的一生
让燃烧多年的火苗　渐次熄灭

荷塘

如果我走得不那么快　荷花有没有可能还在开
水面抬升了　浮起的枯萎是破碎的剧情
如果我走得不那么快
我就是台下掌声最热烈的人

或者你也不需要闪光灯下再次谢幕
最后你捧出了苦心的莲子
我逃去了西湖　西湖有龙井茶
茶里微涩　不加莲心

我不能走得太慢　我和你一样
害怕看见真相荒芜　深澈以后的泥泞

你还是勇敢　开花　结籽
把最汹涌的凋谢　献给台下的我

我们做了相互的看客
我错过了你的一季　你错过了我的一生

雪的墓园

那天晚上下了很大的雪
垭口处吹起数十种鸟的尾翼
它们的叫声从山尖坠落
让远足的人头顶变白
遥远的马厩中呼出湿漉漉的响鼻
屋顶的瓦正在将大地的墓碑连成一片
想着将要诞下的马驹和明日的好天气
我静静睡下
成为这墓园的一部分

流水向东

只有在蓝阴阴的山脊　胸腔里才有鸟飞出
扑楞楞地飞往牧马人身后的草垛
我的翅膀越来越轻
漫天的水　满坡的绿林都为一种色泽沉沦

七月初七　我们把山峦还给大地
把豹子还给深山
再把无端的爱和怨还给菩萨
听一个望不见身影的人在山涧里唱歌
他的声音羊肠小道一般忽上忽下

飞禽们从不追问唱词里的流水
它们向东奔涌
遇见高山时　轻轻地回头

菩提树

是一片深绿的扇子

在高高的石阶前　不捕风

只有疏落的影子

第一次路过它们　用手碰了碰树干

植物的回应是一只受惊的鸟

耽于长路前片刻的阴凉

我们都一屁股坐在它的脚趾上

因为不知它的名字　我并未惭愧于自己

没有一颗琉璃的心

藏地的风

一匹马跑过来　请它制服我

让我听到铃铛乱响　不再毫无头绪钻进蜂巢

还有不远处的荞麦花

不忍再打断她们石白色赭红色的交谈

我耐心地等待藏历的新年

他们从皮囊里抽出明亮的藏刀

我与星星都跟着闪了一下　再一下

看月亮磨成磨盘

奶白色的雪顺着淌下来

酥油被我舔冷

再过上三十天　我会从山坳最深的地方

把高原的心窝子都吹绿

邮戳

簕杜鹃高过了屋顶

蜂鸟隐进叶子与叶子之间的阴影

世界停顿在安静的光线中

一封未封缄的信

邮路在远处独自芬芳

此刻　我也不愿意告诉你

我在树下看见翅膀微微翻动

亮出了它们的谜底

在生命里

往西去　我的姓氏有了确切的色泽
野莲花打碎几盏脆薄的瓷碗
你不能从一张正在枯萎的叶子上接近我
我会告诉你家谱　病史　疼痛的心房始于二十岁的机场
往西去
我窥探一株植物的奥秘　一个女人的魂灵
它们的肌肤雷同
高贵　脆弱　如死之静谧和坚强
——往西去　让它们擦身　并相互交还

落梅花

一个女孩在手指上画满梅花
谁的心一发软　就想喊出一句花的苦难

事实是这样　我走的时候天还没黑
祖父的坟上有两个小孔
我怀疑　是不是有一条青色的蛇游走

嗨　你还是不寂寞的
我用手摸了摸小小的孔　有片片梅花就落下来
在我手上不声不响

幼年时代的彗星

我准备好了　一个夜晚一双肉眼
母亲的手在空气中划出圆弧
光芒由远及近　破碎的瓷瓶
越来越稀薄的金粉
一颗星球对另一颗星球投下狭长的一瞥
它什么也不带走　我的眼睛眨也不眨
母亲说出它拗口的名字
我幼小的心被它的尾翼轻轻扫了一下：
它曾经照耀过　仰头观望它的人
在什么样的光年里
他们为自己的宇宙欢欣哭泣
星球背过身　我即刻生出成人的骨架

所有眼神都被大气层摩擦

我肉身单薄

地球付出百年以内的许诺

彗星迟迟不再谋面　哪怕是其他一颗

生活

她在虚构一个实在的爱人
戒指　鲜花　湿漉漉的亲吻
蜡烛底下的晚餐
他有影子　笑起来微微颤抖

还有鼾声　多情得让人在夜里醒着
她的梦突然发作
拨通一个电话　在让人信以为真的对白里
没有说话
只低低地哭

隐者

天要再高一点　山林拱起脊背
所有枯叶都因被时光豢养而来历不明
水越走越低
像是甘于埋藏在深山的隐士
安静地听两匹马在滩涂上谈论生死

火车向东

这一趟小旅行　芒果树和三角洲
帽子插满风和野花的日历
一页被火车带走了　发出轰隆隆的回声
一页在日光里变质
我只是路过你　这是不再可以言说的日记

对面的女孩　像枕木上一颗灰色的沙砾
她咬下一块饼干
这火车开始横跨江水　咔嚓咔嚓嚓
干净得只剩下铁轨
发出银色钢质的光　那些细小的沙砾
轻轻闭上　粘着饼干屑的唇

癸巳年正月凌晨遭逢地震

一场雪崩睡在我隔壁
母亲睡在我的身旁
她的鼻息　脆弱得不像孕育过的妇人
我搂着他耳普子山的袍袖
它让我贫瘠　荒芜
无法知晓在凌晨　谁人使出利斧
砍断了大地的琴弦

母亲的声音　沉毅得不像瓮中的女人
“你要像天明一样，穿戴美丽”
我想，发髻上最好有一朵白山茶
他耳普子一定不会吝惜赠我

奔逃的路　还未苏醒

巫师未与我话明吉凶

母亲的手随着大地颤动

她抚摸过烛台　再抚摸过我的头顶

——我想我的脸上肯定盛满了光

我心愿了无

母亲的遗憾是没有年轻的男人在这个时候爱上我

想念

多好　还可以想念
像一只落满灰的匣子还找得到备用钥匙
比起记忆　我更信赖物件中老去的蓝

匣子中盛满天光　天光中适当的陌生
照耀着一个久不归乡的人
还有短暂的怯意　路人们沿途注视你　探问你
多好　还可以认出其中某一个
抚平褶纹上的心跳
——“嗨，你好”

卓玛的爱情

虫草长在雪上　山神的肠子会唱歌
外地来收虫草的人走了一拨又一拨
流水一样的花酒穿过男人的心肺
拉萨河的冬天呵　钉下一截截冰桩
她仔细揉搓着自己
像清洗一件祭品

树在什么时候需要眼睛

骑马过河没有遇到冬的时候
小伙子的情歌里雀鸟起落的时候
塔里木就要沉入黄昏的时候——
白桦们齐齐望着
那些使不好猎枪的人

一个人在山里住

一个人在山里住，其实
和一个人在城里住没什么不同
无非是空气更空　水更冷
寂静更没有着落
无非是睡前还指望着
有鸟鸣可以代替闹钟

一个人在山里住，觉得
人活得过于坦荡也没什么意思
夜半听见敲门也不会想到有鬼
即使有鬼
也只想，请他进门喝口热水

纪念我的伯伯和道清

小湾子山上的茶花啊，
请你原谅一个跛脚的人
他赶不上任何好时辰
他驮完了一生，才走到你的枝丫下面

第三辑

诗歌献给谁人

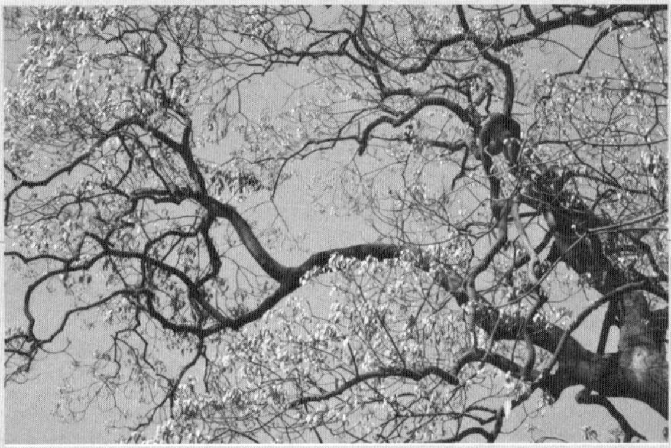

一个读诗的人　误会着写作者的心意

他们在各自的黑暗中　摸索着世界的开关

秩序

“我的诗把我困在自己里面”
克服自己，就像克服整个时代
看着他人的双手，捧着我的一部分心脏

说出地火，也说出灼伤
说出环形山，一个闭合的呼救
听我哭诉，只有眼泪是秘密的容器
——言语已经怜悯了它自己

为了你，我放弃了海洋中波涛的秩序
愤怒中的良善，像矿工一样在暗处挖掘
我认出他的可贵，他的眼睛在讲述
如同日出

我重建着被自己损毁的宫殿，浇灌
用手缝漏下的河流，我的诗曾把水装在罐中
为了把它们捧在手上
我接受了损毁

在博物馆拍摄一幅壁画

如果那衣袍穿在我身上
如果那乐器抱在我怀中
如果那呼吸吹到我眼前的人
如果那手臂的弧度刚好握住流云
如果我每一步都踩着那碎裂的沉香

我的额头是不是应该低垂
我的眸子是不是应该饱含泪意
我周遭的气韵是否要由一头白象来决定
如果我只是爱情的一种象形
你还会不会，会不会爱上那壁画中人？

少年目击事件

我们驱车前往高原的水泊
冷风灌进一片阔叶林　“小的时候……”
这里人烟荒芜野兽出没
我们嘲笑胆小的人　相互推搡
石子掷入无底的漩涡
后来我们安静下来
目睹一艘沉船被打捞上岸
小的时候　我不知道什么在水中丢失
我们默默在岸上走着
水面低沉　仿佛与陆地维系着微妙的对抗与平衡
走在前面的人在沙子上按灭一个烟蒂
后面的人皮肤上“呲”了一声

诗歌献给谁人

凌晨起身为路人扫去积雪的人
病榻前别过身去的母亲
登山者，在蝴蝶的振翅中获得非凡的智慧
倚靠着一棵栾树，流浪汉突然记起家乡的琴声
冬天伐木，需要另一人拉紧绳索
精妙绝伦的手艺
将一些树木制成船只，另一些要盛满饭食、井水、骨灰
多余的金币买通一个冷酷的杀手
他却突然有了恋爱般的迟疑……

一个读诗的人，误会着写作者的心意
他们在各自的黑暗中，摸索着世界的开关

出生地

人们总向我提起我的出生地
一个高寒的、山茶花和松林一样多的藏区
它教给我的藏语，我已经忘记
它教给我的高音，至今我还没有唱出
那音色，像坚实的松果一直埋在某处
夏天有麂子
冬天有火塘
当地人狩猎、采蜜、种植耐寒的苦荞
火葬，是我最熟悉的丧礼
我们不过问死神家里的事
也不过问星子落进深坳的事

他们教会我一些技艺，

是为了让我终生不去使用它们

我离开他们

是为了不让他们先离开我

他们还说，人应像火焰一样去爱

是为了灰烬不必复燃

棉花

被心爱的人亲吻一下
约等于睡在 72 支长绒棉被下的感觉
遥远的印度，纺织是一门密闭的魔法
纺锤砸中的人，注定会被唱进恒河的波涛

炎炎烈日的南疆　棉铃忍耐着
我想象过阿拉伯的飞毯
壁画中的驯鹿人，赤脚走在盐碱地
只为习得那抽丝剥茧的技艺
——遗忘种植的土地，如何理解作物的迁徙
身着皮袍的猎人，披星戴月
走向不属于自己的平原

豫北平原，被手指反复亲吻的清晨
一个来自中国南方海岸的女人
脱下雪纺衬衣和三十岁的想象力
第一次，触摸到了那带着颤声的棉花

蓝

去见你　我绝不可能穿宝蓝色的睡衣
海愤怒时候的蓝　周身沾满情欲的蓝
沉默得可以泡在泪水里腌制的蓝

去见你　我穿戴一新
别针还泛着银光
我的口袋里什么都没有　除了可以贩卖的
魂灵里不纯粹的那一半

喔　我忘了告诉你　我的眼睛里还是含着蓝
隐形眼镜的蓝　童话念到一半的蓝
我望着你　突然不敢伸手捉住你的蓝

问候

——听马思聪《思乡曲》

那不是谁的琴弓

是谁的手伸向未被制成琴身的树林

一条发着低烧的河流

始终在我身上　慢慢拉

杏树

每一株杏树体内都点着一盏灯
故人们，在春天饮酒
他们说起前年的太阳
实木打制出另一把躺椅，我睡着了——
杏花开的时候，我知道自己还拥有一把火柴
每擦亮一根，他们就忘记我的年纪

酒酣耳热，有人念出属于我的一句诗
杏树也曾年轻，热爱蜜汁和刀锋
故人，我的袜子都走湿了
我怎么能甄别，哪一些枝丫可以砍下、烤火

我跟随杏树，学习扦插的技艺
慢慢在胸腔里点火
我的故人呐，请代我饮下多余的雨水吧
只要杏树还在风中发芽，我
一个被岁月恩宠的诗人　就不会放弃抒情

喊魂

那色峰海漫天大雾——
这适合喊魂的天气，村里的人都在烤火、划拳
他们心里住着的人都住在即将开满马缨花的地方
我想到的人，在潮湿的栈道上又刻了我一刀

十万大山，一个诗人向我说起他的命运
我望着他拎着自己的魂走向孤峰的庙宇
喊出的名字，注定不能复生
喊出的名字，在山下的花海中明明灭灭

在雾中行走犹如获得了阴阳相通的感应
那色峰、布鲁革、白腊山、太液湖呵——

我愿也拥有一个这样世世代代不会老死的名字

众多陌生的脸加入了彝人的舞蹈、赌酒
他们唱着喊着，声音中下坠的磷粉正擦燃大雾
我知道，即使大火即刻烘干雨雾
有一些人也将永远喊不回自己

献诗

你凝视过的乌黑眼睛，让油菜花熔化为矿
时间，如此贵重的旧石器
只够雕刻出一个关于飞翔者的预言

所有峰峦毫无倦容，所有蜂蝶收敛触角
这是敬献的时辰——
我爱着的和你爱着的，都渴望着相遇

夜逢香雪梅

倦意浓重的看门人
在黄昏凝成了香雪梅
远眺黯蓝的山廓，晚祷中迷惑我的部分
正是美与享乐的篇章

一次次，在梅树的默许中
想起北方的冬夜，那楔形的寒冷才是梅的知音

将自己禁闭于未知的命运
梅花贴紧冷的面颊、冷的言谈
冷的大地和峰峦
仿佛钟声，在水中有了芬芳的形体

——人群中的某一个

熟谙它的召唤

穿过梅花如同穿过祷词中的暗昧

他熟谙美的譬喻，如同冷的夜空

他取走了花朵的时刻

——那艰难　那喜乐

那，几乎就要属于诗的时刻

迷藏

在你家后花园中
我乐于辨识那些亚热带的花卉
生命已经浪费得够多
不怕再多加一两种无用的游戏

植物的哀愁并非凋零
孩子们的游戏并不为了找寻
好多时候，我只想在一个迷藏中坐下
花草深处、假山背后
不被找到的人是幸运的
我不会随便叫出一个人的名字
不会去惊动一只热闹的蝉

也不发明一种新的玩法
我关心的只是那些喊我名字的人何时疲惫
回到他们的躲藏之中

美丽的事

积雪不化的街口，焰火在身后绽开
一只蜂鸟忙于对春天授粉
葡萄被采摘、酝酿，有一杯漂洋过海
有几滴泼溅在胡桃木的吉他上
星辰与无数劳作者结伴
啊，不，赤道的国度并不急于歌颂太阳
年轻人只身穿越森林
雨水下在需要它的地方

一个口齿不清的孩子将小手伸向我——
有生之年，她一定不会再次认出我
但我曾是被她选中的人

珍珠项链

披上一件沙砾的外衣，人们出海去看海豚
我更喜欢他们回到餐厅时带回的比喻：
“白色的肚皮，像悉尼歌剧院的弧形穹顶
跃出水面时，驮起整面深青色的大洋”
一群接一群，绕着船跳舞
还有叫声，像婴儿没有饮过盐水
“你要是走上甲板，戴着你的珍珠项链
它们会以为你也是海里的美人”

听人说起他的家乡

“一直在下雨
——我出生的城市
没有雨的时候依然在下雨”
他的亚麻色瞳孔是雨中的建筑
用以储藏一种我没有听过的乐音
山丘在下雨，船只也是
早晨去买面包的路面下雨
来到我跟前的旅途也是

我差点要打断他的讲述
在我头顶密布乌云
“只有我母亲晴天一样美丽”，他说
她拥有一双中国式的黑眼睛

雪的意志

二十多年前，失足落崖被一棵树挡住
婴孩的脑壳，一颗容易磕碎的鸡蛋
被外婆搂在心口捂着
七年前，飞机猛烈下坠
还没有飞离家乡的黄昏，山巅清晰
机舱幽闭，孩子们痛哭失声
这一年，我将第一部诗集取名为《云上的夜晚》

五年前，被困在珠穆朗玛峰下行的山上
迷人的雪阵，单薄的经幡
我像一只正在褪毛的老虎，不断抖去积雪
风向不定　雪的意志更加坚定

一个抽烟的男人打不着火，他问我
你们藏人相信命吗？

我不是藏人，我是一个诗人
我和藏人一样在雪里打滚，在雪里找到上山的路
我相信的命运，经常与我擦肩而过
我不相信的事物从未紧紧拥抱过我

温暖

现在　我是一个懒得起身看日出的人
哪怕海上的岛屿也可以望见我的阳台
大海是不会干涸的
太阳也会照常升起
对于时间　我有了更加疲乏的耐心

我们穿过的县城公路　海前面的峭壁
夜半饮下的啤酒、剥开的蟹壳
只让我们看起来更像异乡人
现在　我的眉眼已经不再说明年岁
就像水已经不再急于涌上浅滩

阳光撒在软黄的沙子上
也不肯说出这是我见过最长的海岸线
——也许此生　我还会见到更长
现在　我知道伏线和余地都要留下去
我只是和前面的人一样
从沙堆里挖出搁浅的幼蟹
抛回海水
当我们走到尽头　我们返身做着同样的事

他们也闭着嘴
现在　我们是相互不需要认识的人

蚌埠古民居博览园遇古佛

“佛是过来人，人是未来佛。”

那被损毁的，是时间在数个朝代后结痂
想象着手持寸铁的匠人，将祂从木头里救出
“菩萨为什么低眉？”
多少年代，木质的眉眼深陷
世人重复着建造、破坏，破坏、再建造

尘沙翻涌的西域，供奉过祂年轻的面容
羊群、水井和三千年一枯荣的胡杨围拢
祂手中的莲花带来云雨
一百年一千年

——淮水之滨　有谁正在回应这苍茫的声息

那等待着被修复的，仿佛不需要修复
那被挽留的，早已经化为天宇、星辰和水波
是你遇见了佛，还是佛逢着你
祂终日低眉，在你睁开了眼的那一刻？

祈祷

时间一到，人们就为潮水打开窗户
听他们谈论收获，谈论深渊
风暴让他们生育风暴；黄金让他们到达黄金之国
不具备的美德使他们安静——

我只用诗歌叩门
请不要应答，那些世俗的荣耀
那耗尽我昨日的少女
祭司一样的阿芙洛狄忒

失踪的名字，刻满礁石
呵，丘陵、沙漠、洞窟中的神灵再也没有回到这里
谁坐在冰冷的房间里写字
——时间一到，她的身上泊满船只

歌者

你教会我的，俗世的欢乐
肉体在日常的谜面里如何忽轻忽重
你教给我的，
一种沉默，区别于一个诗人的沉默

当夜幕寻找它的繁星
鼓声寻找它的兽皮
当你寻找着我——

一个歌者，永不会唱出的黑暗

心跳

没有霾的早上，阳光清亮
所有向阳的房子心跳似乎都是一样
很快，就会听见鸦雀的叫唤
很快，胸膛里的另一种节律就要醒来
很快，就要读到奥登的诗句
“让我成为爱得更多的一个”

他肯定梦见并领受过这样的早上
他肯定爱着
穿过黑暗的河流听见并不熟悉的钟声
遥远悠长
那声音，和所有爱过的人心跳都一样

风吹银杏

一些人走得慢，醒得早
一些人走得快，老得也快
公园里几乎没有人在感受风的速度
只有银杏叶被来回翻动
这些都是不结果的雄树
高大挺拔
风不会吹出它树干里的苦楚
我要是再年轻一点儿
也许会站在那儿，等着它遍体金黄

边境

走得太疾，我会是你的诺曼底
走得过慢，我便是你失守的珍珠港
河水是一群马，保持着船只的速度
我挑中其中一匹，骑上它
穿过中越边境上此起彼落的吆喝声：
“女士，买一个戒指吧
——他将牢牢戴着你的爱情”

香椿树

我也想像香椿树，信仰一门叫作春天的宗教
也想像它一样，不仅用着火的嫩叶
也用让人又爱又恨的气息
转动一个季节的经筒

有时我从山上下来
等待采折的香椿仿佛早早获悉它的命运
只长出手掌一样的芽苞
食草动物都够不着的高枝
香椿点起烛火一样的经幡

有人问路，问我借打火机

他准备顺便上树，摘一袋香椿
凉拌是否需要热水焯锅？
我差点说出还是炒鸡蛋好吃
我预感到我的虔诚有限
尽管我刚从庙里出来，尽管我所求不多

情书

唐果曾与我说，

把情书写给特定的某个人就太沉重了

是啊，红色花真好

仰头看见树梢的鸟雀真好

明月真好，一个短促的笑真好

可是，所有轻盈加起来都比不上一封情书的好

——如果，可以不写给某一个人

高原来信

寄来的枸杞已收到
采摘时土壤的腥气也是
信笺上的姓氏已默念
高海拔的山岚也是

我能想象的事物，如今已化作杯中水
我不能遗忘的沙地，据说正开满红花
有一天，就是那一天
一群女子在空地上舞蹈
她们跳出我熟悉的音乐
从左肩落向右肩
一个节拍也没有漏掉

如此完美
再也不用校音，我的倾听也是
不需要应答，你也是

回旋曲

我们怎样和过去的人交谈？
又一个春天，鼠曲草发出嫩芽
它的花是一种接近睡眠的暖黄色
睡眠让人练习与记忆和解
抽出一朵花或一片花，在睡梦中并无太大区别
而描述是艰难的，尤其当人们意识到在海上漂流
为了返航，要克服巨浪导致的晕船

过去的人怎样和我们交谈？
重新开始的季节都要付出加倍的忍耐
蛇褪下皮肤，不干净的鳞片呵
也要尽力铺展

偶尔，我们会做一些平日里想不起的事
动身去一个陌生之地或学习一门冷僻的手艺
寄望我们的儿女成人不用模仿我们
即使我们知道希望渺茫：
如果人们还爱着过去，就永远学不会和它交谈

孩子们替我吹蜡烛

一个老朋友，生物学家
在研究人类如何返老还童
我与他最后见面一次
是上一次金星凌日，十一年前
一个学生，工程师
在研发人工智能如何模仿人类的感情
和他午饭后，我要赶去爱一个陌生人

关于时间，我是这样想的：
如果他们真的创造了新的时钟
作为他们的同行
我，一个诗人，
会继续请孩子们替我吹蜡烛

猎户座

只有夜晚，搭弓者找到了他的箭
我曾问过一个凿光的矿工：
为何我们的日子又聋又盲？
我们耽于眼前的天文学
忙于命名
出于痛苦，我们铸尖了箭矢
出于寂寞，猎犬的主人找到了它们

我们需要漫长的世代在天空俯瞰
让睡眠具备一种流逝的形象
闪烁的事物在黑暗中获得价值
大海在日落后拥抱渔火

婚礼在阴影处寻找烛台
一个少女在夜里出门　她就需要银质的胸针

如果天空不能为大地留出一个新的星座
这颗行星只好再一次转身
拉弓的姿势永远新鲜
就在那几乎要瞄准的瞬间——
用肉眼无法完成的　新的纪元

短歌

穿过众多枝条，阳光逐渐可以承受美好的事
我将成为一个容器，啜饮北部湾的清水
“不要和鲜花一起睡”
在浇灌中，我会获得动物的警醒和它们温和的眼睛
我已经精通谚语中的树种和沙地
倚着墙的嘴唇，寻找到它的回声
女孩儿梳着头发，我有银色的发带
我有某颗小行星的转动
我看见了平坦的早晨——多么的年轻

蝴蝶

午后的房间，一只白色的茧
睡眠深处还听得见他在敲敲打打
那声音，像在牵引一根绕远了的丝
我不呼吸，仿佛他就是空气
我忘记了一个梦，仿佛他就是梦
我醒时，他在白昼
我不振翅，仿佛他就是蝴蝶

短歌

看过那么多高山大海，已经十分疲惫
倘若新事物能让人爱得更完整
所有客人都应保管好他们的影子
街区最高的窗户能看到港湾和水手
你爱惜一种热衷沉思和狂想的天分
说，不要在俗事中久留
我要在少量的盐分中重新发现自己的咸
空中不时落下声音
空中锈迹斑斑的星辰
我等待着天明，而不是擦拭

猎冬

猎人放走了一只麂子
它和麋鹿一样警觉，羔羊一样脆弱
再过几天，河流就要被霜罩住
猎人的烟被冷熄了
他神情发亮　无所惋惜
正琢磨着　把不远处的香料变成一门生意
而不是把最后一朵红花　献给猎物
一个对冬天毫不知情的女人

石燕

我吃下了它的翅膀　没有猎取它的飞翔
我吃下了它的心脏　没有收容它的心跳
灰色毛翳是笼子的边沿
我也曾和它一样，以为抚摸总包含着无限的爱意

赝品

弗罗斯特的马实际上从未到达雪夜的驿站
那些阴凉，是昆虫终于将自己冶炼成了琥珀
此刻的声音朗读着一个数年前的故事
一位离开了教堂就不知如何布道的神父
一个人离开另一个人便难以为继的情感

短歌

怎样得到一株黑色的百合?
种下白百合的种子，培土、浇灌、等待
当它结出种子，选取颜色最深的一粒
来年种下，培土、浇灌、等待
如此反复，花瓣的颜色会逐年加深
如同我手上的皱纹
花开是在明亮的早晨
我摘下它，为了祝福你

短歌

那时，我还怀有一个南方人的热忱
在北方公园里拍摄尚未熟透的山楂
树下偶尔能捡拾到两三个，放在手中
果实带给人安慰，让人忘记事实上这是另一种衰老
“尝一尝，是什么味道”
雨水、冷空气、穿过灰霾的阳光已使它们成为酒窖
或者一座正在腐朽的宫殿
向任何一个房间深处走去，都能触到褐色的核
那里有过的酸涩，我们也有
那里有过的甜蜜，我们也会有

你的手

你在梦呓中抽走你的手
——仿佛从我头下抽走了许多夜晚
仿佛，也宽宥了所有尚未成形的梦寐

你的手比你的言辞更快地接纳了黑暗
它抹去了声音里的尖刺
抹去了我的羞愧、恐惧，突兀的喜怒
仿佛它总是醒着的——
你的手，比你更平静地走向我

有时，我独自坐在世俗的椅子上
想起你的手，它端着杯子

它按下一个又一个黑键，“保存”或“删除”
它在冰冷的风中，在陌生人的街区
在我触碰不到的时间里，
它替我理解了你的生活

在我熟睡时，它重新回到我的头下
仿佛填平了梦与梦之间的隔阻
你的手
仿佛　可以成为我的手

第四辑

赝品博物馆

相互压缩的钟表，每跳过一格
就有一种真实冲破坚硬的铜，锈成晶体
赝品摆在赝品的位置上
不理会人们的目光，带着传世的决心

赝品博物馆

怎么能展览心事，在满是赝品的博物馆
一个声音在暗处说，“忘记你见过的一切”
历朝历代的纹饰珍藏着每一根线条的记忆
我找到过打死结的部分

古代那么多能工巧匠，奔走于作坊与画室之间
在器物中哑默的人，在一张素帛的经纬上面
怎么能铺展心灵，对着流逝

——他们能理解一个诗人、一个相信炼金术的后代
还能通过肉眼甄别瓷器上的釉彩
我们拥有相同的、模糊的、裸露的时间，和忍耐

也许，还拥有过相同的、精妙的、幽闭的心事

相互压缩的钟表，每跳过一格
就有一种真实冲破坚硬的铜，锈成晶体
赝品摆在赝品的位置上
不理会人们的目光，带着传世的决心

陌生海岸小驻

一个陌生小站
树影在热带的喘息中摇摆
我看见的事物，从早晨回到了上空

谷粒一样的岩石散落在白色海岸
——整夜整夜的工作，让船只镀上锈迹
在这里，旅人的手是多余的
海鸟的翅膀是多余的
风捉住所有光明
将它们升上教堂的尖顶

露水没有片刻的犹疑

月亮的信仰也不是白昼

——它们隐没着自身

和黝黑的土地一起，吐出了整个海洋

无证之罪

我曾目睹一只老鼠的死亡，在一堆下药的谷物前
我曾目睹一只山羊的死亡，在磨出豁口的刀刃间
我曾用一块石头堵住蚂蚁松软的巢穴入口
我曾绕过一座拥堵的大桥，听说有人一跃而下

我曾在冬天取走了一个人的誓言
被爱的人，早就学会了作伪证
整天拿刮着镜子背后的水银
离开的记忆，在玻璃上流连了一会儿

我也和诸多幸存者一样，戴着皮手套
在数不清的声音中翻检稀薄的光亮
偶尔敞开一线房门，端坐
像一个等待着浪子归家的慈母

食客的信仰

在南方这么多年
我吃过河豚、蝎子、水蛇
也吃过橄榄、秋葵、柠檬叶
相克的汁液和微量的毒
让我的胃保持着杂食动物的警觉
我知道
我也能吃下音乐、情话、诗句
素食主义者的说教和信徒的布道

偶尔，有人从高寒之地送来雾凇
我的胃搭起巨大的河床
在南方这么多年

翻阅食谱如同温习经书
忽略味觉好似遗忘

能吃掉的才属于自己
能消化的才能被信仰

朗读

一个人读到孩子，笑了一下
一个人读着悲剧，神色凄惶
有人清了几次嗓子
在不同的声调中，我听到了他们的所愿
跟他们在市井中的所愿一样
跟他们在床榻、银行、荒野中的所愿一样

人们朗读，有时像在探视监狱
钥匙在其他听不见的人手上
有时，停顿就是关闭一座危城
没有更饱和的空气传递想象的旋涡

人们很少跟踪自己的声音
很少理解自己的呼吸在别人体内发烧
他们中的大多数，只敢想一想逃亡
想一想杀戮。他们朗读时
克服着坠落的快感
轻一点，再轻一点，以不误入别人的地狱

有人在朗读前，要求喝一杯冰水
有时，他不能得偿所愿
一个人托着腮，口齿含糊
一个人读到灵魂，不由往身后张看了一眼

看不见的吹奏者

我与它之间的障碍　不是破败的石身
也不是，被斩断的头颅中有你的生肖
我与它之间的隔膜是过于明亮的阳光
我知道，
我要找的　已经不住在这里
风吹着我心里的菩萨也吹着我心里的水法
纵使秋光明媚　我还是感到了它幽邃的拒绝
它的排斥也是古老的，人群置若罔闻
它的信仰是尘埃的，风水降低了它的难度
菩萨在我感到迷惘时伸出千手
我知道，我也可以随波逐流
一个看不见的吹奏者，会让我忘却烦忧：

有时在天上，被叫作蓝

有时在这园子里，被叫作遗迹

有时是明月残照是波光潋滟

是告别是修辞是没有答案的谜面

有时被叫做时间

有时是萨福……

生涯

在江边出生的人
一生中会遇见一个瘸子、一个哑巴
一个破坏仪式的女人
一个疯癫而正直的男人，在山洼里修路
他的童年，是一段被震聋的路基

江水哗哗，只淌在它渴望领会的土地
只带走它能够超度的亡灵
多数人知道它的光辉
少数人隐藏它的黑暗

速朽时代

你出发去机场
天亮在没有地平线的城市
鸟鸣也迟　公园的花落也迟
不分时令的我　在梦里老去一百年

起飞了　五岳三山穿影而过
从前的人怎么做的　那些山中才一日　地上已千年的梦

降落时下雨　返程时晴好
我还用干支纪日
这本无区别的天宇
一日千里　浩浩汤汤
日头还来不及落下　你的爱就越来越短

极光

如果睡眠是一种祈祷，我一定不够虔诚
如果白昼是一门手艺，人们都还是学徒
我印象中，人是可以被黑夜驯养的
未被讲述的响动，才会拥有更加具体的形象：
噩梦、火警、错拨的电话
从远洋造访的台风
隔壁邻居家的争吵……

每次惊醒，我都会感到黑夜越来越挤
人们总在忙着命名和修补时间的漏洞
我隔着黑暗，感到懊恼
这也使我经常想到极光

——在那些拥有漫长极昼与极夜的地方
人们也许会有一种更好的方法
或者更痛苦的明了
尽管，醒着的时候总是短暂

对岸的灯火

我看到灯火，把水引向此岸
好像我们不需要借助船只或者翅膀
就可以轻触远处的光芒

湖面摇晃着——
这被无数灯火选中的夜
明亮和黑暗碰撞的声响告诉我
一定是无数种命运交错　让我来到了此处
让我站在岸边
每一盏灯火都不分明地牵引我迷惑我
我曾经在城市的夜晚，被灯火的洪流侵袭
我知道湖水的下一刻

就要变成另一重光澜的漩涡

我只要站在这里
每一盏灯火都会在我身上闪闪烁烁
仿佛不需要借助水或者路途
它们就可以靠岸

雾中的北方

清晨出门的人是我
一个从高山辨认平原的人

大雾就是全部的北方
即使在创伤中也只能试探它的边沿
我猜想它至少活过了耳顺的年纪
那些荨麻、棉花、呼啸沉进大地的钻井
都通通被施以迷途

我还是看见了北方的心痛
被铁轨攥紧松开松开攥紧
大雾弥漫

每一块好肉都钻心刺骨

过路的人是我

——说谎的人是我

插在花器里的影子

我和我的影子敲开别人的房门
我带着他人的叹息　坐下来 说自己的话
那些绸缎般的灯光　让白昼变得疲惫
我开口　影子不偏不倚

我对影子底下的黑暗一无所知
照管晴朗的天色　玫瑰花园　树丛中的小蚂蚱
在每一场地震来临之前　写下遗言

我开口　我念出每一个我爱过的名字　憎恶过的沼泽
我在别人的房间里寻到自己熟悉的味道
桔梗花到处开放　它们与我有交换灵魂的冲动

有一束采自乡间的墓地

插在花器里的　我的影子
摇摇头　往回走

陪母亲去故宫

在这里住过的人不一定去过边远的滇西小镇
住在那里的人接受从这里颁布的律令、课税、无常的喜怒
尽管门敞开着，钥匙在拧别处的锁孔
尽管珍宝摆在玻璃柜中，影子投射在人群触不到的位置
穿红戴绿的人走来走去，讲着全世界的方言
母亲问我，早上最先听见的鸟鸣是喜鹊还是乌鸦
我想了一会儿，又一会儿
不知这里的鸟是否飞出过紫禁城
不知鸟儿可会转述我们那儿的风声

乘船去孤山

“十年修得同船渡”
同船的夫妇来自重庆沙坪坝
船夫来自江川
波光让人目眩，只有水来历不明

孤山的存在是否为了避免问询与寒暄？
断壁之上，舍身的故事已经邈远
人们忙着在亭子里栖身
这已不是一个追怀节烈的时代
断壁之下，水敛容整顿
前世的缘分，今生同船一渡就已经用尽
十年不够孤山长出一片松林

十年足够我翻山越岭　再不遇同船之人

可是，我们为何着迷于相遇和同道
为何又只在水面借着船桨
漂了一漂
我有多少十年修得的缘分
借问船家何处，路人何处
我又如何去往更深的因缘际会当中
湖水不应答我
孤山不应答我

潮骚

天擦黑的时候　我感到大海是一剂吗啡
疼痛的弓弦从浪花中扑出阵阵眩晕
我们都忘记了肉体受伤的经过
没有在波涛上衰老　生长就显得邈远卑微

深秋　海水秘密增加着剂量
过度的黑过度的取信
作为临时的灯塔　我被短暂地照亮
光的经验不可交换
指南针和痛感均失效
我在船只错身处成为昏沉的瘾君子

渔父　街市　鸟羽上镌刻的箴言
幻象一样闪现、安抚、退出
天幕和潮汐一齐落下
再也找不见人间流动的灯河
一个人的眼睛
怎么举起全部的大海　蔚蓝的罂粟

查无此人

开头写了很多蠢话
和远处的风一样，蠢话藏不下天然的冷暖
——我原谅了自己，一个永远说不出秘密的人
信札也原谅了我，它再不会向我探问收信人
取走裁纸刀一样的宽慰，我的心仿佛被刀锋捂过
结尾，写了更多的蠢话

夜访太平洋

礁石也在翻滚
前半夜，潮汐在地球的另一面
它也许拥有一个男人沉默的喉结
但黑色的大海压倒了我的想象

我不应该跟随谁来到这里
太平洋被煽动着，降下一万丈深渊
我每问起一个人的名字
就能送回他的全部声息

我突然想平淡地生活着，回到平原、盆地、几棵树中间
我怜惜海水被永恒搅拌

另一个诗人也在岸边，他看着我跳进一半残贝
他不会游泳，更不准备长出尾鳍
我的进化加速了珊瑚从红色中挣扎而出
礁石也在翻滚
一块鳞片一块鳞片地砸疼我
沉默的男性是否早已放弃两栖生活？
他不伸手，不打算拦住一个浪头斩断我的触须

我为什么来到这里，荒凉的大海荒凉的深夜
谁邀请了一个被波光蛊惑的女人
她为何违背请柬上的告诫，跳下礁石
没有人告诉她日出的时间
她只好站在一摊水里，不敢游得太远
和男人一块　反复地等

恐惧

把手放进袋子里，我的恐惧是毛茸茸的
把手放在冰水中，我的恐惧是鱼骨上的倒刺
把手放在夜里，我的恐惧就是整个黑夜
我摸不到的，我摸到而感觉不到的
我感觉到，而摸不到的

博物馆之旅

没有声音的朝代，超过了后代的理解力
一代人的器皿，保存着他们的雨水和心智
我相信重复，也是创造历史的一种方式
——或者，是众多的重复延续了历史

献身于某颗星辰和它不可知的轨迹是愚蠢的
相信星象坦荡则更加愚蠢
一行经文获得无数版本的赞颂
如今，隔着冰冷的钟罩
我们活捉了一个伟大国家的祷告

那些在旷野里逃窜的、在海峡溺毙的

罕见的、庞大的白垩纪物种
想象它们和我们一样目光发烫，辨认着未知的来客
来自地心深处的背叛
繁衍出岛屿、密林、始祖鸟多余的翅膀
此刻灯光盘旋，为它们注入新鲜的死亡

时间的暗道和窄门，被推开、掩埋
一尊远渡重洋的雕像
眉宇与我们相仿
而我们
我们正在为尘埃和海水的重量　争论不休

丁酉年正月初七：地震纪念日

防空警报滚过幸存者们的头顶
活着就是一种仪式
关于灾难的秘密在集市交接
人们掏出用旧了的纸币
兑换土里长出的粮食
——那里的裂缝愈合了二十一年
谷物已经有了新的变种

劳作

我并不比一只蜜蜂或一只蚂蚁更爱这个世界
我的劳作像一棵偏狭的桉树
渴水、喜阳
有时我和蜜蜂、蚂蚁一起，躲在阴影里休憩

我并不比一个农夫更适合做一个诗人
他赶马走过江边，抬头看云预感江水的体温
我向他询问五百里外山林的成色
他用一个寓言为我指点迷津

如何辨认一只斑鸠躲在鸽群里呢
不看羽毛也不用听它的叫声
他说，我们就是知道
——这是长年累月的劳作所得

后　记

劳　作

冯　娜

喜欢在飞机快要降落前，从舷窗俯瞰大地的风景。连绵起伏的群山、纵横交错的河流、参差错落的村落和城市……山川草木以亿万年的演进和繁衍塑造着这颗星球的面貌，人类在其间，以自身的劳作参与了这塑造。

无数次，我俯瞰着自己家乡的土地，着迷于人们在高原之上的生息。想象着山坳里的人是怎样“将天上的云呼喊成想要的模样”（《云南的声响》）……终日在山间劳作的人汗水淋漓，密林中偶尔也会响起古老的民歌：“太阳歇歇么，歇得呢，月亮歇歇嘛，歇得呢，女人歇歇么歇不得，女人歇下来么火塘会熄掉呢。”我自幼和他们一起，生活在这片多民族的土地上，我熟悉他们的方言和腔调，他们清亮的歌声和唱和带给我诸多诗意的启蒙。那些“赶马走过江边，抬头看云预感江水的体温”的人（《劳作》），也曾教会我一种关于诗歌的技艺。

我也喜欢俯瞰其他人的家乡和他们生活过的城市，陌生的风景总是带给人新鲜的感触。“船在海上，马在山中”（洛尔迦《梦游人谣》）的时辰，我感到了绿色的风，银子般沁凉的眼睛仿佛遥遥与我对望。在晦暗的波涛之上，“时间怎样环绕着繁星凿出一个天穹”（狄兰·托马斯），而“恒河的水呵，接受着一点点灰烬”（穆旦）……那些与我隔着万千时空的诗人们，让我对陌生之地感到亲近，我猜想他们是在某一棵橄榄树下或哪一扇窗前，日复一日地沉思、工作，用诗行等待着未来时空的来客。

2015 年的秋天，一次从广州飞往北京的航班上，邻座的一位中年女士与我攀谈。她自述常年从事旅游行业，天南地北到处跑，却从没有好好享受过旅行的乐趣；她的母亲过世后她就一直坚持素食。她也问我从事什么工作，我并没有告诉她，我是一个诗人；虽然我此番飞行是以“驻校诗人”的身份回到首都师范大学。因为我很怕她向我提问：“诗人”是一种什么样的职业，诗歌又是什么、它能为我们做什么？当然，作为一个诗人并不需要时常向别人解释和回答这些问题。但，我们又必须不断向自己这样提问。待我们分别之后，我想，如果要向这位陌生女士解释诗人在从事什么样的工作，他们在如何工作；也许可以说诗人就是要用自己的语言说出我与她那般短暂的相遇、我们那些无意识复制的日常生活、有意识的内心渴望。还有，我与她都可能未曾觉察的人类共通的命运与情感。

如是，诗人的劳作似乎变得十分艰难。特别是身处这个社会交互性极强、信息传播也异常发达的时代。我们坐上高速的交通工具去往各地，一日千里，地理意义和时空界限变得模糊，城市与城市相互雷同。我们不仅在自己的生活中辗转，还能不断体验到“别人的焦虑”和“别人的诗意”。我们所处的这个时代，是可以歌颂和平和安宁，但依然有灾难和战争出现在报纸头版的时代；是可以抒写农耕时代的缓慢，但人们大规模离开土地、昔日的村庄变得荒芜的时代。人们可以在世界的各个角落即时通话，也可以在多元的城市生活中仿若深山隔绝。现代科技不仅改造和规训着我们的生活，还把我们趋向人类内心世界和生命经验新的幽深之地。诗人那种“通过寂静，战胜时间”（伊夫·博纳富瓦）的“魔法”，在当下的现实世界中似乎成了“过时”的技艺。然而，当我们一次又一次出发或返航，当我们的“故乡”或者“家”成为一种时代的美学载体，我们意识到“诗意”是人类与生俱来的心灵天赋；“诗意地栖居”也是人类共同的向往。它和语言一样，在时代中演变；但从未与我们的心灵割裂。与其说我们的语言在表达我们的生活，不如说我们的生活在模仿我们的语言，人们在口耳相授的古老语言中传唱过的诗意和愿景，依然在此回响。我想，诗人的工作便是去建立连接“过去”“当下”和“未来”的桥梁。诗人的工具——语言，则是我们在审度和甄别时代的趣味之后的心灵镜像。尽管时代的风声加速变迁，甚至超越了我们语言和想象力，但正是我们牢牢扎根于这片土地、这颗星球，我们还在仰望浩渺宇宙，以各种方式的创造获得此处的安宁和“人类存在的实证”（路易斯·卡多索·阿拉贡）。我认为诗人能够有幸成为这样的一员，这就是写作的尊严和荣光。

有时，我会在飞机上度过一段全然幽闭的阅读时光，沉浸在那些伟大心灵所创造的世界里，我深深感到他们不仅仅属于那个没有飞机和高铁的时代，他们心灵的烛照正如此鲜活地启示着此刻的现实，预言着我们的未来；而我，有幸成为他们在这个时空的一位交谈者。就像不同航班上曾与我错身的旅客，我们也许不会记得彼此的面孔，也不会了解对方的生活；但诸多我们无法深入体察的黑洞一样的事物，有可能以另一种形态的智识与我们的心灵产生呼应，与我们的人生发生关系。当飞机降落，我们用脚步反复丈量过的土地依然带给我新鲜的热度和痛感。一代代人在这里生活，他们中有挥汗如雨的户外劳力者，也有在网络世界中追逐的新兴一族；有身兼数职的中年人，也有天真烂漫的孩童；有愿意为他人奔走呼号的人，也有独善其身而不能的人。他们在自己的命途中行进，与我擦身，我亦融入他们之中。我曾在诗《劳作》中写道：“我并不比一个农夫更适合做一个诗人……他用一个寓言为我指点迷津”，诗人也如农夫，在属于自己的领土上耕作，试图说出时代的寓言。

当我从夜晚的航班穿越浓重的黑暗俯瞰地表，那些熟悉或陌生的城市灯火明灭，一如银河映照、星座相拱。我长久地感动于这一个个被无数灯火选中的夜，也感动于自己见证过这样的自然与人迹。我也曾认为，“我并不比一只蜜蜂或一只蚂蚁更爱这个世界 / 我的劳作像一棵偏狭的桉树”（《劳作》）。然而，在长年累月的劳作中，我比从前更加热爱这个世界，也更珍视人类对这个世界那些有限又宝贵的投入。我想，这也是诗歌对我的教育。